BERICHTE ÜBER DIE VERHANDLUNGEN DER SÄCHSISCHEN
AKADEMIE DER WISSENSCHAFTEN ZU LEIPZIG

Mathematisch-naturwissenschaftliche Klasse
Band 104 · Heft 2

ANTON LISSNER

CHARAKTERISTISCHE EIGENSCHAFTEN DER BRAUNKOHLEN

AKADEMIE-VERLAG · BERLIN
1960

BERICHTE ÜBER DIE VERHANDLUNGEN DER SÄCHSISCHEN AKADEMIE DER WISSENSCHAFTEN ZU LEIPZIG

MATHEMATISCH-NATURWISSENSCHAFTLICHE KLASSE

Band 97

Heft 1 Prof. Dr. ERICH STRACK / Beobachtungen über den endogenen Anteil des Kot-Stickstoffs
24 Seiten – 8° – 1949 – DM 2,50 *(vergriffen)*

Heft 2 Prof. Dr. ERNST HÖLDER / Über die Variationsprinzipe der Mechanik der Kontinua
13 Seiten – 8° – 1950 – DM 2,75 *(vergriffen)*

Heft 3 Dr. H. GERSTNER / Dr. H. BAARK / Dr. H. GRAUL / Der Wechselstromwiderstand der Froschhaut
25 Seiten – 8° – 1950 – DM 2,75 *(vergriffen)*

Heft 4 Prof. Dr. HERBERT BECKERT / Existenz- und Eindeutigkeitsbeweise für das Differenzenverfahren zur Lösung des Anfangswertproblems, des gemischten Anfangs-Randwert- und des charakteristischen Problems einer hyperbolischen Differentialgleichung zweiter Ordnung mit zwei unabhängigen Variablen
42 Seiten – 8° – 1950 – DM 9,– *(vergriffen)*

Heft 5 Prof. Dr. HERBERT BECKERT / Über quasilineare hyperbolische Systeme partieller Differentialgleichungen erster Ordnung mit zwei unabhängigen Variablen. Das Anfangswertproblem, die gemischte Anfangs-Randwertaufgabe, das charakteristische Problem
68 Seiten – 8° – 1950 – DM 14,50 *(vergriffen)*

Heft 6 Prof. Dr.-Ing. ENNO HEIDEBROEK / Das Verhalten von zähen Flüssigkeiten, insbesondere Schmierflüssigkeiten, in engen Spalten
Nachdruck – 40 Seiten – 24 Abbildungen – 8° – 1952 – DM 5,80 *(vergriffen)*

Heft 7 Prof. Dr. HANS SCHUBERT / Über eine lineare Integrodifferentialgleichung mit Zusatzkern
52 Seiten –8° – 1950 –DM 9,25 *(vergriffen)*

Heft 8 Dipl. Phys. HELMAR KRUPP / Bestimmung der allgemeinen Lösung der Schrödinger-Gleichung für Coulomb-Potential
28 Seiten – 8° – 1950 – DM 5.50 *(vergriffen)*

Band 98

Heft 1 Prof. Dr. WALTER SCHNEE / Über magische Quadrate und lineare Gitterpunktprobleme
48 Seiten – 8° – 1951 – DM 4,65 *(vergriffen)*

Heft 2 Prof. Dr.-Ing. ENNO HEIDEBROEK / Über die Beziehungen zwischen Schmierung und Verschleiß bei geschmierter Gleitreibung
Nachdruck – 36 Seiten – 5 Abbildungen – 8° – 1954 – DM 2,75

Heft 3 Prof. Dr.-Ing. e. h. KARL KEGEL / Der Salzstock Mirowo bei Provadia in Bulgarien
26 Seiten – 9 Abbildungen– 8° – 1951 – DM 3,– *(vergriffen)*

Heft 4 Prof. Dr. HERBERT BECKERT / Prof. Dr. HANS SALIÉ / Bemerkungen über die Verbiegung hyperbolisch gekrümmter Flächenstücke / Über Abels Verallgemeinerung der binomischen Formel
22 Seiten – 2 Abbildungen – 8° – 1951 – DM 2,25 *(vergriffen)*

Heft 5 Prof. Dr. ERICH STRACK / Die Dauerinfusion als Verfahren zur Erforschung des Kohlenhydratstoffwechsels des Tierkörpers
20 Seiten – 8° – 1952 – DM 2,– *(vergriffen)*

BERICHTE ÜBER DIE VERHANDLUNGEN DER SÄCHSISCHEN AKADEMIE DER WISSENSCHAFTEN ZU LEIPZIG

Mathematisch-naturwissenschaftliche Klasse
Band 104 · Heft 2

ANTON LISSNER

CHARAKTERISTISCHE EIGENSCHAFTEN DER BRAUNKOHLEN

Mit 10 Abbildungen und 3 Tabellen

AKADEMIE-VERLAG · BERLIN
1960

Vorgetragen in der Sitzung vom 15. September 1958
Manuskript eingeliefert am 24. Februar 1960
Druckfertig erklärt am 5. Juli 1960

Erschienen im Akademie-Verlag GmbH, Berlin W 1, Leipziger Straße 3-4

Lizenz-Nr. 202 · 100/741/60
Satz und Druck: IV/2/14 · VEB Werkdruck Gräfenhainichen · 1374
Bestellnummer: 2027/104/2
Preis: DM 2,–
Printed in Germany
ES 20 M 4

I

In keinem Land der Erde haben die Braunkohlen eine derartige Bedeutung wie in der Deutschen Demokratischen Republik. Steinkohlen stehen uns nur in sehr beschränktem Umfange zur Verfügung, und die Erdölgewinnung beginnt erst jetzt eine größere günstige Entwicklung zu nehmen. Die Braunkohlenvorräte in unsrer Republik sind mit rund 49 Mio t bemerkenswert hoch und folgen den Vorräten in den USA, in der SU und der Deutschen Bundesrepublik an 4. Stelle. Doch förderten wir, hauptsächlich im Tagebau, im Jahre 1957 212,6 Mio t und damit die größte Menge an Braunkohlen in der ganzen Welt, weil wir noch ca. 89 % der geförderten Kohle zur Energieerzeugung benötigen.

Doch müssen wir ernstlich bemüht sein, unsere Braunkohle in steigendem Maße als chemischen Rohstoff auszunützen und sie als Energieträger durch Erdölprodukte und Atomenergie zu ersetzen. Die langjährige Beschäftigung mit der Braunkohle hat dazu geführt, daß in der DDR die größten Erfahrungen und wissenschaftlichen Erkenntnisse über die Braunkohle erarbeitet und gesammelt wurden. Das wird auch allgemein anerkannt, so daß z. B. den wissenschaftlichen Vertretern unseres Staates die Leitung der Fachexpertengruppe „Braunkohle" bei der internationalen Wirtschaftskommission (ECE) in Genf übertragen wurde. Das verschaffte uns die günstige Gelegenheit, daß uns Braunkohlenproben aus ganz Europa, aus Amerika, Asien und Australien zur Verfügung gestellt wurden, um zu ermitteln, welche charakteristischen Eigenschaften die Braunkohlen gegenüber den Steinkohlen aufweisen. Aus den in Freiberg erzielten Resultaten möchte ich das Wesentliche berichten.

II

Unter den Begriff Braunkohle fallen nicht allein die schon äußerlich durch braune Farbe erkennbaren Weich- und Hartbraunkohlen sowie die weniger wertvollen Lignite, sondern auch mitunter schwarz erscheinenden erdigen Moorkohlen und die harten Pech- oder Glanzbraunkohlen. Andererseits gibt es auch Steinkohlen, die auf einer rauhen Tonplatte einen braunen Strich hinterlassen. Die Farbe ist also kein sicheres Merkmal zur Erkennung der Braunkohlen.

In einzelnen Fällen können mikroskopische Untersuchungen von Anschliffen und Dünnschliffen gewisse Anhaltspunkte ergeben. Zumeist aber erkennt man aus petrographischen Untersuchungen nur, daß die Braunkohlen keine einheitliche chemische Substanz vorstellen. Da sie aus inkohlten fossilen Pflanzen entstanden sind, finden wir in ihnen hin und wieder noch deutlich erkennbare Pflanzenreste. Abbildung 1 zeigt eine von Blättern durchsetzte feinschlammige Braunkohle aus einer mitteldeutschen Grube. In einzelnen Braunkohlenlagerstätten findet man die sogenannte „Nadel-Kohle", die aus Konifere-Nadeln entstanden ist, wie man aus Abbildung 2, einer von

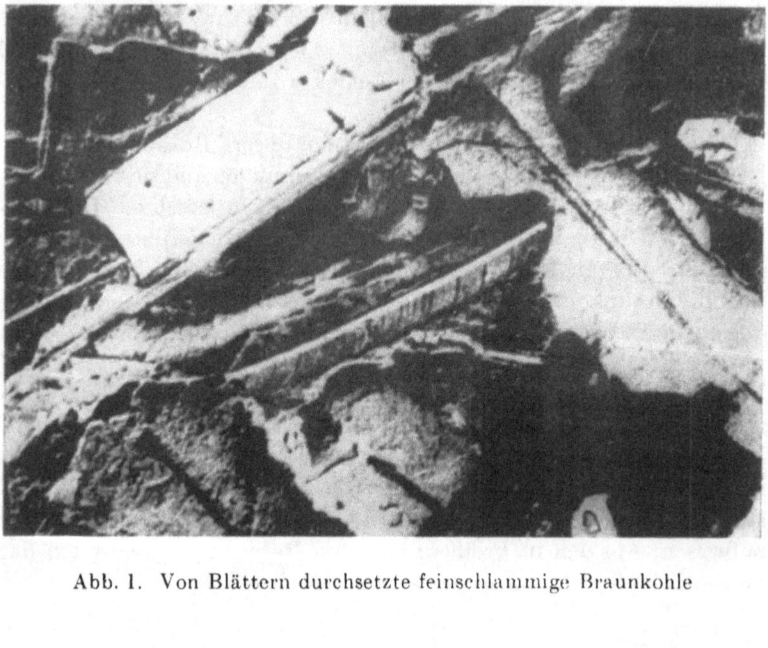

Abb. 1. Von Blättern durchsetzte feinschlammige Braunkohle

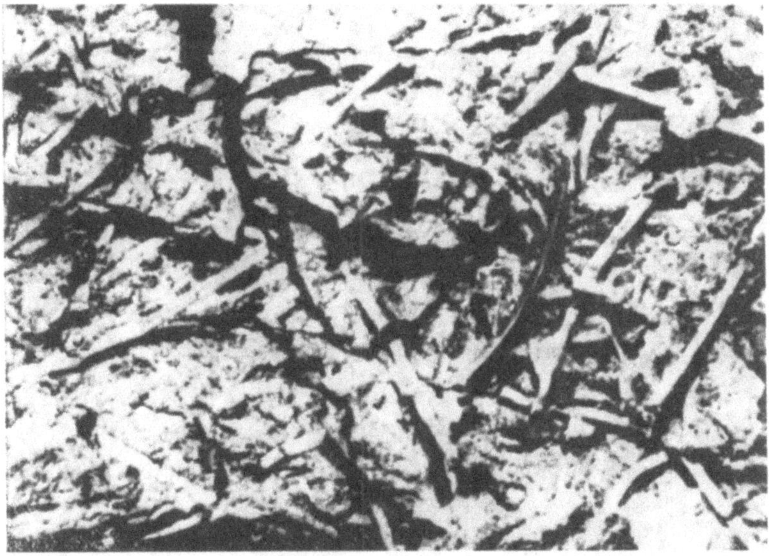

Abb. 2. Von Kiefernadeln durchsetzte Kohle (Eozän)

Kiefernnadeln durchsetzten Kohle aus Zeitz, erkennt. Da die tertiären Pflanzen harzreicher sind als die Pflanzen des Karbons finden sich in den Braunkohlen-Xyliten und in den umgebenden Grundmassen in erster Linie Koniferen-Harze. Durch die konservierende Wirkung des Harzes ist das Gefüge vieler Xylite in den Lausitzer Kohlen besonders gut erhalten geblieben und oft mit freiem Auge gut erkennbar. Durch thermische Einflüsse können die Harzkörner geschmolzen werden und es bilden sich, insbesondere in den böhmischen Glanzbraunkohlen, ausgeprägte Gänge von dunkel gefärbtem, geschmolzenen Harz, wie die folgende Abbildung 3 zeigt. Hin und wieder wird die Hygroskopizität der Braunkohlen als charakteristisch angesehen. Die Wassergehalte der frisch geförderten Braunkohlen können zwischen 10 und 65 % betragen. Das Wasser liegt als grobe Feuchtigkeit, als Adhäsions-, Adsorptions-, Kapillar- und Hydrat-Wasser vor, wie das Schema in Abbildung 4 verdeutlichen soll.

Eine sehr große Menge Wasser ist an die organische Substanz der Kohle, insbesondere an die Humus-Kolloide gebunden. Trocknet man die Braunkohle bis unterhalb des Gleichgewichtswassergehaltes, so

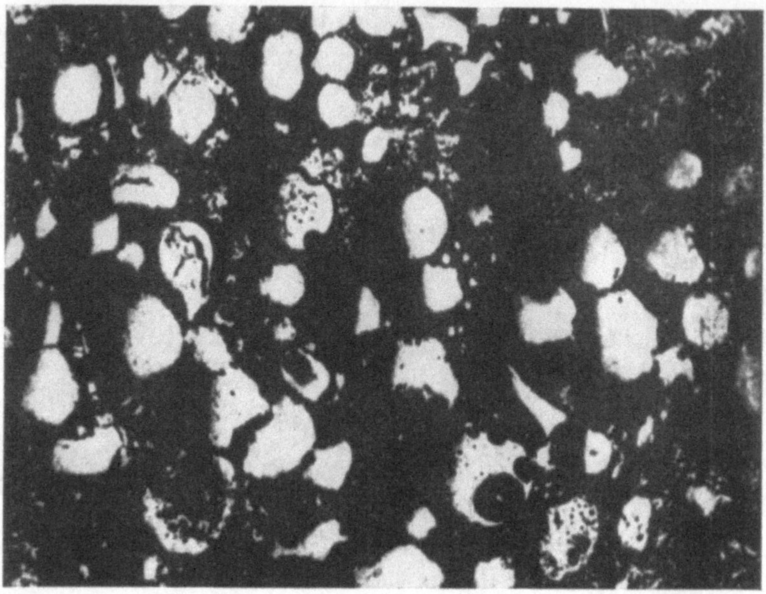

Abb. 3. Ansammlung von Harzkörnern in böhmischer Glanzbraunkohle

nimmt sie aus feuchter Luft wieder Wasser auf, sie erweist sich als hygroskopisch. Zwischen Wasserabgabe und -aufnahme zeigt sich stets eine Hysteresis. Das Wasserbindevermögen hängt nicht nur von der Kohlenart sondern auch von der relativen Luftfeuchtigkeit, der Einwirkungszeit und der Vorbehandlung der Kohle ab. Bei den Hartbraunkohlen der ČSR besteht nahezu eine Parallität zwischen dem Gesamtwasser- und dem Gleichgewichtswassergehalt, während dies bei den deutschen Weichbraunkohlen durchaus nicht der Fall ist, wie RAMMLER und KNOPFE [1] nachgewiesen haben. Somit liefert das hygroskopische Verkalten der Braunkohlen kein geeignetes Kennzeichen.

Außer dem Wasser enthält die Braunkohle stets aschebildende mineralische Ballaststoffe. Gewöhnlich wird der bei der Verbrennung der Kohlen zurückbleibende Aschengehalt als Wertmesser angegeben. Die Aschengehalte der Braunkohlen können zwischen 1 und 30 %, in minderwertigen Kohlen sogar 40 % betragen. Doch entspricht diese Asche nicht den in der Kohle tatsächlich vorhandenen Mineralstoffen. Als solche finden sich meistens Al-, Si-, Ca- und Fe-Verbindungen neben solchen von Mg, K und Na, zumeist auch von Mn. Diese Elemente treten auf in Form von Silikaten, Karbonaten, Sulfiden, evtl. auch von Chloriden, Phosphaten, Sulfaten, Humaten. Zum Unterschied von den Steinkohlen sind viele Braunkohlenaschen kalkbasisch und sulfatisch; der Überschuß des Kalkes entstammt den in den Kohlen vorhandenen Kalkhumaten, auch Karbonaten. Die Sulfate bilden sich gewöhnlich erst bei der Verbrennung aus dem Kohlenschwefel und den Aschenbasen. Recht unangenehm beim Verfeuern und typisch für Mitteldeutschland ist das Auftreten von Na-Salzen, vornehmlich Chloriden und Humaten in den Salzkohlen. Spurenelemente wie Ge, Ti, V, J wurden von LEUTWEIN [2] spektroskopisch und in meinem Institute auf chemischem Wege zur evtl. Verwertbarkeit festgestellt.

Der auf übliche Weise bestimmte Aschengehalt stimmt mit dem wirklich vorhandenen Mineralgehalt, insbesondere in den schwefel-

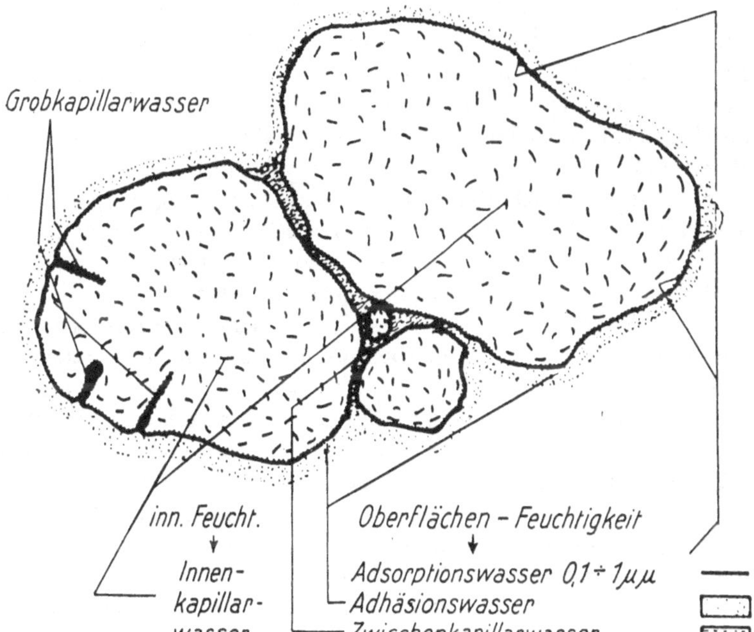

Abb. 4. Wasserbindung im und am Kohlenkorn

reichen mitteldeutschen Braunkohlen nicht überein. Es können Unterschiede bis zu 5 und mehr Prozenten gefunden werden. Wir haben mit Hilfe einer Schwimm- und Sinkanalyse versucht, die Braunkohle in mineralstoffreiche und -arme Anteile zu zerlegen und konnten unter Heranziehung von petrographischen Untersuchungen den Gehalt der der Mineralsubstanz angenähert bestimmen. Zu genaueren Ergebnissen führte ein präparativ chemischer Weg, bei dem die notwendigen Wasserbestimmungen in den voneinander chemisch getrennten organischen und anorganischen Bestandteilen nach der Karl-Fischer-Methode erfolgten.

III

Haben wir aus den bisherigen Darlegungen erkannt, daß es nicht einfach gelingt, spezielle Eigenschaften für die Charakterisierung der Braunkohlen zu finden, so gilt dies auch bezüglich ihrer physikalischen Eigenschaften. Diese resultieren zum großen Teil aus der stofflichen Zusammensetzung der Kohlen. Wir können uns die Braunkohlen aus mizellaren Kolloidstoffen aufgebaut denken, die von einem System von Poren und Hohlräumen durchzogen sind. Bei ein und derselben Kohle kann ihr Raumgewicht durch Quell- oder Schrumpfungsvorgänge verändert werden. Daß sich Braunkohlen ohne Bindemittel brikettieren lassen, zeichnet sie nicht durchwegs vor den Steinkohlen aus, denn schon die böhmischen Hartbraunkohlen ergeben nur durch besondere Maßnahmen ohne Bindemittelzusatz feste Briketts und Glanzbraunkohlen, lassen sich ohne geeignetes Bindemittel überhaupt nicht brikettieren. Brikettierbare Weichbraunkohlen sind plastisch verformbar, wie aus Abbildung 5 eines Brikettschliffes hervorgeht. Man erkennt sehr schön die plastische Verformung an den Xylit-Einschlüssen, die zu einem sehr haltbaren Brikett geführt haben. Andere physikalische Eigenschaften wie die Adsorption von Methylenblau oder Eisen-III-Chloridlösungen, von Gasen und Dämpfen oder das Reflexions-Vermögen sind nur für bestimmte Braunkohlen bemerkenswert.

Die thermischen Kennwerte der Braunkohlen wie spezifische Wärme, thermische Leitfähigkeit, Benetzungswärme, sind öfter bestimmt worden und bieten unwesentliche Merkmale. Die Verbrennungswärmen

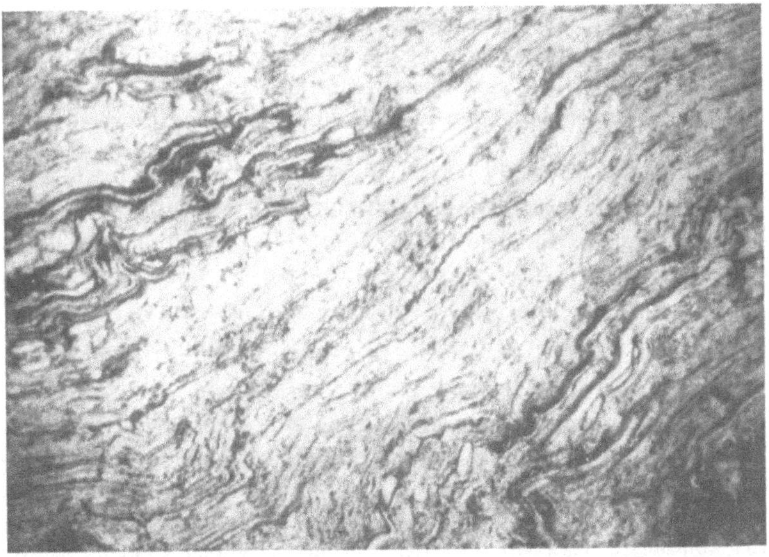

Abb. 5. Brikettschliff einer plastisch verformten Weichbraunkohle

Tabelle 1

Zusammensetzung und Heizwert von jüngeren Brennstoffen (Durchschnittswerte, bezogen auf wasser-aschefreie Substanz)

Brennstoff	Vorkommen	C %	H %	O, N, S %	Verbr.-Wärme Ho kcal/kg
Holz		50	6	44	4600
Torf	Norddeutschland	59	6	35	5600
Xylit	Ostelbisch	58	6	36	5750
Xylithaltige Kohle	Ostelbisch	65	5,5	29,5	6200
	Italien	68	5	27	6450
Erdbraunkohle	Westelbisch	72	5,5	22,5	7150
Bitumenkohle	Ungarn	75,5	6	18,5	7800
	Westelbisch	75	7,5	17,5	8100
Pechbraunkohle	Oberbayern	73	5,5	21,5	7550
	ČSSR	77	6	17	8000
Glanzbraunkohle	Österreich	75	5	20	7600
	ČSSR	78	5,5	16,5	7750

und die daraus abgeleiteten praktischen Heizwerte liegen bei normalen Braunkohlen im allgemeinen niedriger als bei Steinkohlen. Tabelle 1 gibt einige Verbrennungswärmen wieder. Die höchsten Werte findet man bei bituminösen und den Pech-Braunkohlen. Die Heizwerte liegen um die Verdampfungs-Wärmen des Kohlen- und Verbrennungswassers niedriger.

Die Pechkohlen haben oft höhere Heizwerte als Steinkohlen. Es gibt sogar Steinkohlen, die einen niedrigen Heizwert von unter 5700 kcal/kg aufweisen.

IV

In der Zusammenstellung der Tabelle 1 sind auch die durchschnittlischen Elementar-Zusammensetzungen einiger Braunkohlen aufgenommen. Man erkennt daraus, daß mit fortschreitender Inkohlung der C-Gehalt ansteigt und der Sauerstoffgehalt abnimmt. Aber es ist keine Regelmäßigkeit festzustellen. Auch enthalten die angegebenen Analysenwerte einen prinzipiellen Fehler. Der Kohlenstoff läßt sich zwar auch in der mineralstoffhaltigen Kohle einwandfrei bestimmen. Rechnet man aber den ermittelten Wert auf den aschen- und wasserfreien Zustand der organischen Kohlensubstanz um, so erhält man nicht den wahren C-Gehalt der letzteren, denn man müßte das kolloid- und anorganisch gebundene Wasser und den wirklichen Mineralgehalt in Abzug bringen. Ähnliches gilt für den Wasserstoffwert und noch mehr für den O-Gehalt, der zumeist noch als Differenz aus den C- und H-Werten errechnet wird. (Direkte Bestimmung). Trägt man nach dem Vorschlag von D. W. VAN KREVELEN [3] die aus den vorhandenen Elementar-Analysen gewonnenen Atomverhältnisse H/C und O/C entsprechend Abbildung 6 in ein Koordinaten-System ein, so finden wir einen weiten Streubereich. Der Übergang zu den Hartbraunkohlen und den jungen Steinkohlen ist fließend, wenn auch die Tendenz zu verzeichnen ist, daß die meisten Steinkohlen sauerstoff- und wasserstoffärmer sind. Immerhin sieht man, daß bei gleichem O-Gehalt mit steigendem H/C-Verhältnis die Teermenge zunimmt. Die teerreichen Schwelkohlen besitzen bei gegebenem Sauerstoffgehalt mindestens ein Wasserstoff-Kohlenstoffverhältnis von

$$H/C = 0{,}5 + 2\,O/C.$$

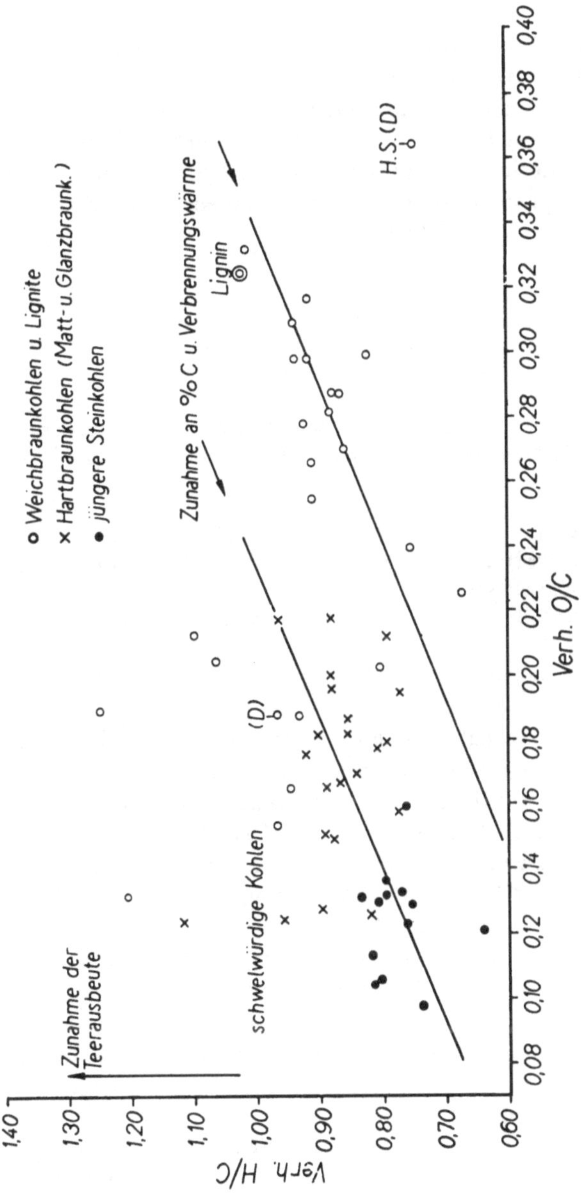

Abb. 6. H/C- und O/C-Verhältnis verschiedener Kohlen

Das ist nicht weiter verwunderlich, wenn man sich vor Augen hält, daß von den O-reichen Huminstoffen und den H-reicheren Bitumensubstanzen nur die letzteren die Hauptmenge des Teeres liefern. Auf Grund der Elementar-Zusammensetzung allein kann also eine spezielle Kennzeichnung der Braunkohlen nicht erfolgen.

Man muß deshalb versuchen, aus den Braunkohlen charakteristische Stoffgruppen zu isolieren. Einen kleinen Ausschnitt aus eigenen Untersuchungen gibt Tabelle 2 wieder.

Tabelle 2

Ergebnisse von Stoffgruppenbestimmungen in Braunkohlen (bezogen auf wasser-aschefreie Kohlen)

Brennstoff	Vorkommen	Harze, Wachse (Bitumen) %	lösliche Huminsäure %	lignitische Substanz %	zellulosische Substanz %
Xylithaltige	Italien	7,1	14,2	61,9	16,8
Kohle	Jugoslavien	6,1	14,0	74,9	5,0
Erdbraun-	Westelbisch	7,9	32,8	59,3	0,0
kohle	Rheinland	7,6	55,9	36,5	0,0
Bitumen-kohle	Westelbisch	31,3	46,6	22,1	0,0

Wir können verhältnismäßig sicher das Bitumen bestimmen, das vornehmlich aus Harzen und Wachsen besteht, ferner die Huminsäuren isolieren und die lignin- und zellulosehaltigen Bestandteile erfassen.

Die Bitumengehalte, ermittelt durch Extraktion mit Benzol-Alkohol 1 :1, schwanken zwischen 7 und 31 %, gehen aber bei einzelnen Braunkohlen bis auf 3,5 % zurück. Abbildung 7 zeigt eine Bitumenkohle mittlerer Kondensation aus Nachterstedt. Die kleinen hellen Pünktchen sind die Bitumen, die kleinen Körnchen mit schwarzem Rand Sandeinschlüsse. Die Bitumina der Braunkohlen sind als teerbildende Substanzen anzusehen. Man kann aus unseren Untersuchungen einen Zusammenhang der Teerausbeute mit den Bitumenmengen aus Abbildung 8 ableiten. Im allgemeinen entspricht einem größeren Bitumengehalt eine höhere Teerausbeute, was für die Steinkohlen nicht zutrifft. Die thermische Zersetzung von Braunkohlen beginnt bei niedrigeren Temperaturen als von Steinkohlen, oft schon unterhalb 200° C.

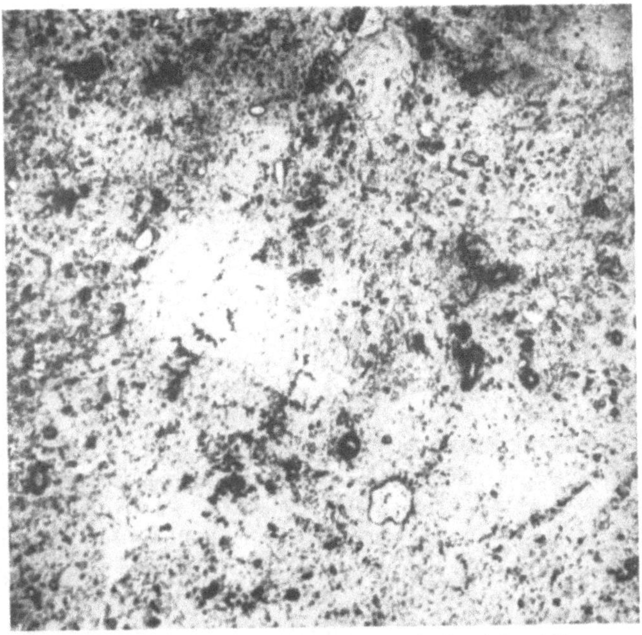

Abb. 7. Schliff einer Bitumenkohle mit Sandeinschlüssen

Bis 520° C kann sich auch aus den Huminstoffen etwas Teer bilden. Demgemäß könnte darin eine typische Eigenschaft der Braunkohlen erkannt werden. Die Huminsäuregehalte liegen meistens über 10 % und erreichen Werte von 56, ja sogar von über 90 %. Man hat deshalb vermutet, durch Bestimmung der Huminsäuren, die in Kali- oder Natronlauge, auch Soda und NH_3, braun gefärbte Lösungen ergeben, ein Charakteristikum für Braunkohlen zu haben. Nun gibt es außer den eigentlichen Huminsäuren, die wenig beständig sind, auch Vorstufen, z. B. die Hymatomelan- und die Humoligninsäuren, die ebenfalls in Laugen mit braunschwarzer bis rotbrauner Farbe löslich sind. Aus den Humatlösungen können die Säuren durch Salze -oder Schwefelsäure in fester Form ausgeschieden und näher untersucht werden. Nach W. Fuchs [4] enthält eine Ideal-Huminsäure mit einem Molgewicht von 1400, gemäß Tabelle 3, 4 Karbonsäure-Gruppen, 4 phenolische OH-Gruppen, 1 Carbonylgruppe, 2 cyclisch gebundene O-Gruppen und eine CH = CH Doppelbindung. Doch sind auch andere Gruppie-

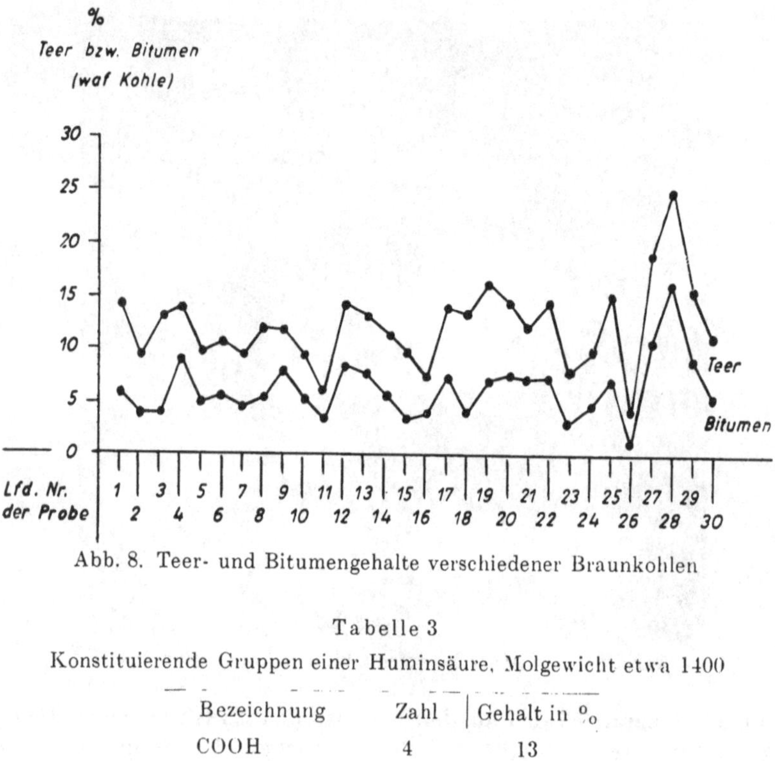

Abb. 8. Teer- und Bitumengehalte verschiedener Braunkohlen

Tabelle 3

Konstituierende Gruppen einer Huminsäure, Molgewicht etwa 1400

Bezeichnung	Zahl	Gehalt in %
COOH	4	13
OH	4	5
CO	1	3
– O –	2	2
CH = CH	1	2
H (subst.)	1	0,1
H (dehydr.)	4–8	0,4

rungen möglich, z. B. kann der Sauerstoff anthronisch keto-, evtl. auch chinoid gebunden sein. Das Huminsäure-Molekül besteht danach außer aus den wabenartigen aromatischen Gruppen, also dem zentralen aromatischen Vielkern, aus einem nicht aromatischen Teil, der naturgemäß flexibel ist. Die Karbonsäure ist zur Salz- und Esterbildung und zum Basenaustausch befähigt (Entsalzungsverfahren). Die phenolischen OH-Gruppen bilden Salze und Äther und lassen sich acetylieren.

Eine Vorstellung von dem wahrscheinlichen Bau der Huminsäuren entwickelten G. Agde und Mitarbeiter [5] aus Röntgen-Untersuchungen. Sie nehmen an, wie das in Abbildung 9 dargestellt ist, daß auf Grund des Vorhandenseins van der Waals'scher Kräfte sich die Molekülschichten zu scheibenförmigen Huminsäure-Kristallmizellen vereinigen, die einen Abstand von 8 –12 Å und einen Durchmesser von etwa 25 Å aufweisen. Nun kann man jedoch durch Oxydation auch aus Steinkohlen Huminsäuren gewinnen, die also nicht nur den Braunkohlen eigentümlich sind. Zur Bestimmung des Gehaltes an Huminsäuren werden gravimetrische, maßanalytische, potentiometrische und kolorimetrische Verfahren angewendet. Schwierigkeiten liegen darin, daß auch lignin-

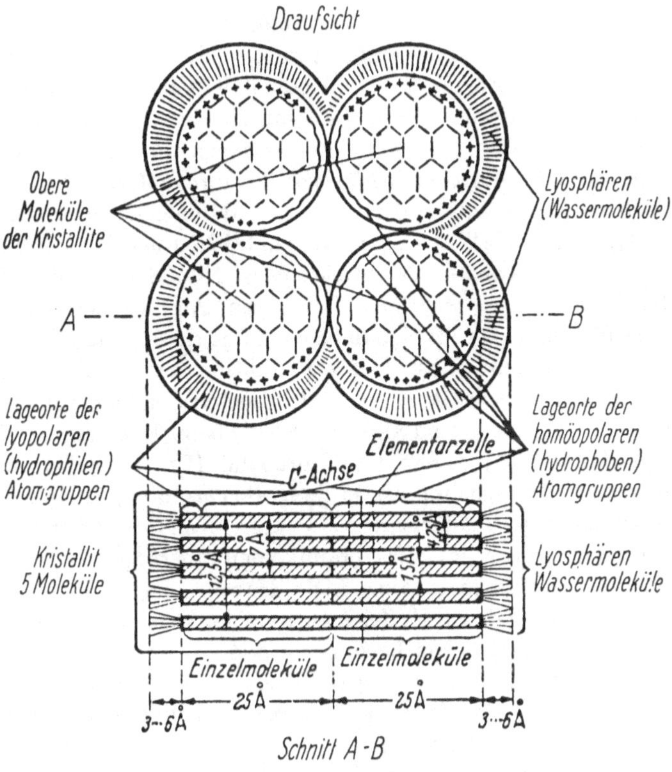

Abb. 9. Schematische Darstellung des wahrscheinlichen Baues eines Huminsäuremizells

artiges Material und Bitumenanteile in Alkalien etwas gelöst werden. Mittels eines lichtelektrischen Kolorimeters läßt sich die prozentuelle Lichtdurchlässigkeit von alkalischen Humatlösungen und daraus der Extinktionskoeffizient und der Gehalt an Huminsäuren berechnen. Wie aus unseren Untersuchungen hervorgegangen ist, ergibt der Huminsäuregehalt keine ausgesprochen charakteristischen Merkmale. Die ermittelten Werte lagen bei den Braunkohlen zwischen 3 und 93 %, bei Steinkohlen zwischen 0,1 und 8 %, weil bei den letzteren Oxydationen zu alkalilöslichen labilen Sub-Huminsäuren nicht zu vermeiden sind. Doch kann mit Bestimmtheit gesagt werden, daß Kohlen mit mehr als 10 % löslichen Huminsäuren unter die Braunkohlen einzureihen sind.

Verläßlicher erwies sich die Salpetersäure-Reaktion nach E. DONATH und H. DITZ [6]. Die genannten Autoren hatten aus Braunkohlen Huminsäuren isoliert, mit 1:1 verdünnter Salpetersäure versetzt und mäßig erwärmt. Hierbei trat eine stürmische Reaktion ein. Nach dem Verdünnen mit Wasser war ein rotgefärbter Rückstand zu erkennen und auch die darüber stehende Flüssigkeit war rot gefärbt. Behandelten sie die Huminsäuren mit stark verdünnter Salpetersäure (1 Teil konz. HNO_3 1,4 und 9 Teile Wasser), so traten ähnliche Reaktionen auf; nämlich Entwicklung von CO_2, N_2, Stickoxyden, HCN und die Bildung von Oxalsäure sowie von niedrigen Fettsäuren. Ähnlich verhielten sich Lignine, die Feststoffe aus Sulfidablaugen und die Ligninabkömmlinge Torf und Braunkohle selbst. Durch Reduktion der Salpetersäure entsteht HNO_2, und als Spaltprodukte bilden sich Oximido-Verbindungen, die nach A. HANTZSCH und M. PRÖPPER [7] beim Kochen mit Wasser oder verdünnten Säuren in Oxalsäure und Hydroxylamin spalten. Nach unseren Untersuchungen ist die Reaktionsflüssigkeit von Weichbraunkohlen rotgelb gefärbt, wie eine konz. Kaliumbichromatlösung, die von einigen Pech- und Hartbraunkohlen nur rotgelb. Bei den farbigen Substanzen handelt es sich in der Hauptsache um wasserlösliche Nitrosoverbindungen zwei- oder mehrwertiger Phenole. Dafür sprach u. a., daß sich die rötlichen Lösungen mit Zn- oder Fe-Staub zu farblosen Flüssigkeiten reduzieren lassen. Diese Verbindungen lassen sich zum größten Teil mit Cyclohexan extrahieren und geben nach dem Auflösen in verdünnter Na-Lauge und anschließender Extraktion mit Äther ein gelbes Kristallgemisch in einer braunen Schmiere. Die chromatographische Trennung mit Butanol-Wasser liefert 4 scharf begrenzte, farblose bis gelbbraun gefärbte Zonen. Der Farbkörper setzt sich also aus einer Anzahl farbiger organischer Stoffe zusammen.

Zur Bestimmung der Farbtiefe der Reaktionslösungen haben wir ein lichtelektrisches Kolorimeter verwendet. Die erzielten Ergebnisse lagen für alle untersuchten Braunkohlen folgendermaßen:

Lichtdurchlässigkeit 12 bis höchstens 70 %, 100 x Extinkt. koeff. 1–15,5. Die in gleicher Weise untersuchten Steinkohlen wiesen Lichtdurchlässigkeiten von über 70 bis 100 % auf.

Ein weiteres Verfahren haben wir auf die Fluoreszenzintensität der Benzol-Extrakte gegründet. Es war schon früher bekannt, daß Steinkohlen geringe Mengen eines fluoreszierenden Benzolextraktes ergeben, während die Extrakte aus Braunkohlen einheitlich braun gefärbt sind und nur wenig fluoreszieren. Zur Bestimmung der Fluoreszenz wird ein Fotometer mit Fluoreszenzaufsatz oder ein Fluorometer verwendet. Um für die verschiedenen Apparatetypen Vergleichswerte zu gewinnen, bezieht man die Fluoreszenzintensität auf eine Lösung von 5 mg Perylen in 1 l Benzol. Perylen zeigt die gleiche blaue Fluoreszenz wie die Kohlenextrakte. Die Fluoreszenz des reinen Perylen setzt man gleich 100. Die Fluoreszenzwerte bewegten sich bei den Braunkohlen zwischen 3,6 und 35 %. Bei den Steinkohlen lagen sie alle über 42 bis 135 %. Offenbar ist die Fluoreszenz auf die verschiedenartigen Bitumenstoffe der Kohlen zurückzuführen.

V

Es ist noch eine Reihe anderer Reaktionen und Bestimmungen zur Charakterisierung der Braunkohlen vorgeschlagen worden: Strukturuntersuchungen, die OH-, CO- und OCH_3-Zahlen, die Chrom-Schwefelsäure-Reaktion, die Reaktion mit Schwefel- und Salpetersäure 1:1 bei 35° C, die Löslichkeit der Restkohlen nach einer Behandlung mit Lauge, der Schmelzaufschluß mit Ätzalkali.

Auch die in jüngster Zeit durchgeführten Konstitutions-Untersuchungen mittels UR-Röntgenbeugungs- und Elektronenmikroskopie und andere physikalisch-chemische Methoden haben keine wesentlich neuen Erkenntnisse gebracht. Kein Merkmal erscheint uns deshalb so typisch wie die Durchlässigkeit bei der geschilderten Salpetersäure-Reaktion und die Fluoreszenzwerte der Benzol-Extrakte. Zur Ergänzung kann auch der Huminsäuregehalt herangezogen werden. Wir haben über den Fluoreszenzwerten als Abszisse die zu allen untersuchten Kohlen gehörenden Lichtdurchlässigkeiten der Salpetersäure- und

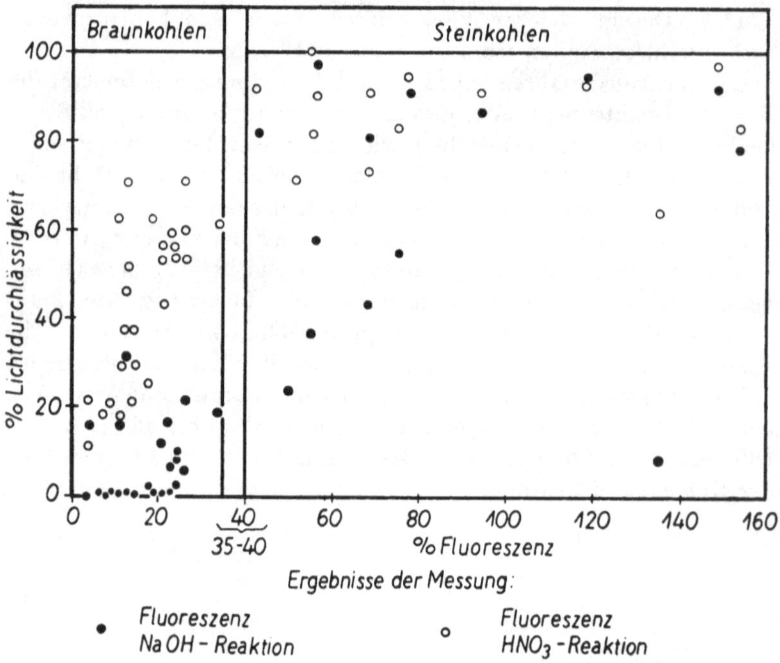

Abb. 10. Fluoreszenz-, HNO_3- und NaOH-Reaktion von Braun- und Steinkohlen

Laugenreaktion aufgetragen und sind zu folgenden Ergebnissen, Abbildung 10, gelangt. Wir konnten so verläßlich feststellen, ob eine untersuchte Kohlenprobe unter die Braunkohlen einzureihen sei. Zum Beispiel wies die Kohle mit dem recht hohen Fluoreszenzwert von nahezu 35 % einen hohen Gehalt an Huminstoffen auf und ergab eine deutliche Salpetersäure-Reaktion. Sie war als Braunkohle zu deklarieren. Auf Grund der gewonnenen Ergebnisse konnten sämtliche untersuchten Kohlen richtig identifiziert, also auch die schwarzen Glanzkohlen in einwandfreier Weise als Braunkohlen erkannt werden. Unsere Charakterisierung stand in vollem Einklang mit den bisherigen älteren Ansichten, die in den einzelnen Ländern von Geologen, Bergleuten und Kohlenchemikern vertreten wurden.

LITERATUR

[1] Freiberger Forschungsh., A 44, 60/79 (1955).
[2] Freiberger Forschungsh., C 30, 28/48 (1956).
[3] Brennst.-Chem., **33**, 260 (1952).
[4] Brennst.-Chem., **11**, 332 (1930).
[5] G. Agde, H. Schürenberg u. R. Jodl, Braunk., **41**, 545/47 (1942).
[6] Oest. Z. Berg- u. Hüttenw., **51**, 310 (1903), vgl. auch Ed. Donath, Unterscheidung, Einteilung und Charakteristik der Mineralkohlen. Sammlg. Kohle – Koks – Teer, Vlg. Wilh. Knapp, Halle/Saale 1924, S. 10 u. f.
[7] Liebigs Ann. Chem., **222**, 61, 65 (1884).

Fortsetzung von der 2. Umschlagseite

Band 99

Heft 1 Prof. Dr. HEINRICH BRANDT / Über das quadratische Reziprozitätsgesetz
18 Seiten – 8° – 1951 – DM 1,90 *(vergriffen)*

Heft 2 Prof. Dr. GEORG SPACKELER / Der Gebirgsdruck und seine Beherrschung durch den Bergmann 36 Seiten – 12 Abbildungen – 8° – 1951 – DM 1,65 *(vergriffen)*

Heft 3 Prof. Dr. ERNST DIEPSCHLAG / Die Anwendbarkeit der Regelungstechnik in der Hüttenindustrie 38 Seiten – 12 Abbildungen – 8° – 1952 – DM 3,90

Heft 4 Prof. Dr. ALBERT FROMME / Die Bedeutung der Entwicklungsgeschichte, besonders des Mesenchyms für die Klinik 24 Seiten – 8° – 1952 – DM 1,75 *(vergriffen)*

Heft 5 Dr. ROBERT BÖKER / Die Entstehung der Sternsphäre Arats
68 Seiten – 4 Abbildungen – 2 Ausschlagtafeln – 3 Tabellen – 8° – 1952 – DM 5,60

Band 100

Heft 1 Prof. Dr. HEINRICH BRANDT / Über Stammfaktoren bei ternären quadratischen Formen 24 Seiten – 8° – 1952 – DM 2,25

Heft 2 Dr. PAUL GÜNTHER / Zur Gültigkeit des Huygens'schen Prinzips bei partiellen Differentialgleichungen vom normalen hyperbolischen Typus
43 Seiten – 8° – 1952 – DM 5,–

Heft 3 Dr. ALFRED MÜLLER / Die Schaubarkeit in der Axonometrie
22 Seiten – 3 Ausschlagtafeln – 8° – 1952 – DM 3,– *(vergriffen)*

Heft 4 Prof. Dr.-Ing. ENNO HEIDEBROEK / Die Beziehungen zwischen Härte, Schmierung und Verschleißfestigkeit
Nachdruck – 40 Seiten – 10 Abbildungen – 8° – 1954 – DM 3,40

Heft 5 Prof. Dr. ROBERT SCHRÖDER / Frauenheilkunde in Forschung und Praxis
22 Seiten – 8° – 1952 – DM 1,35

Heft 6 Dr. ROLF REISSIG / Die pandiagonalen Quadrate vierter Ordnung
54 Seiten – 8° – 1952 – DM 5,–

Heft 7 Prof. Dr. MAX ROBITZSCH † / Die Erforschung der Atmosphäre, ihre Methodik und ihre Probleme
30 Seiten – 12 Abbildungen – 4 Kunstdrucktafeln – 8° – 1953 – DM 2,50

Band 101

Heft 1 Prof. Dr. KURT SCHWABE / Periodische Erscheinungen bei der anodischen Auflösung des Zinks 33 Seiten – 14 Abbildungen – 8° – 1954 – DM 3,–

Heft 2 Dr. UDO PIRL / Positive Lösungen einer nichtlinearen Integralgleichung
44 Seiten – 2 Abbildungen – 8° – 1953 – DM 4,–

Heft 3 Dr. JOACHIM FOCKE / Asymptotische Entwicklungen mittels der Methode der stationären Phase 2. unveränderte Auflage – 48 Seiten – 8° – 1957 – DM 4,80 *(vergriffen)*

Heft 4 Prof. Dr. HANS SALIÉ / Zur Verteilung natürlicher Zahlen auf elementfremde Klassen
26 Seiten – 8° – 1954 – DM 2,50 *(vergriffen)*

Heft 5 Prof. Dr.-Ing. ENNO HEIDEBROEK / Die Verantwortlichkeit des Ingenieurs
22 Seiten – 8° – 1954 – DM 1,– *(vergriffen)*

Heft 6 Prof. Dr. HANS SCHUBERT / Dr. ERICH SCHINCKE / Zur Ermittlung von Unterschallströmungen mit der Transformationsmethode bei quadratischer Approximation der Adiabate 32 Seiten – 6 Abbildungen – 2 Tabellen – 8° – 1955 – DM 2,30

Heft 7 Dr. HELMUT SCHAEFER / Neue Existenzsätze in der Theorie nichtlinearer Integralgleichungen 40 Seiten – 8° – 1955 – DM 2,40

Band 102

Heft 1 Dr. PAUL GÜNTHER / Über einige spezielle Probleme aus der Theorie der linearen partiellen Differentialgleichungen zweiter Ordnung
50 Seiten – 8° – 1957 – DM 4,60 *(vergriffen)*

Heft 2 Prof. Dr. HANS SCHUBERT / Dr. ERICH SCHINCKE / Zum Konturproblem der Hodographenmethode im Unterschall 25 Seiten – 8° – 1957 – DM 2,20

Heft 3 Prof. Dr. FRANZ RUNGE / Über die Polymerisation ungesättigter organischer Verbindungen 13 Seiten – 1 Tabelle – 8° – 1957 – DM 1,–

Heft 4 Dr. VICTOR VÂLCOVICI / Une extension des liaisons non holonomes et des principes variationnels 39 Seiten – 8° – 1958 – DM 2,40

Heft 5 Dr. ROLF KLÖTZLER / Beiträge zur Theorie mehrdimensionaler Variationsprobleme mit geknickten Extremalen 72 Seiten – 8° – 1958 – DM 4,30

Heft 6 Prof. Dr. PAULA HERTWIG / Strahlenschäden und Strahlenschutz im zellulären Bereich
43 Seiten – 14 Abbildungen – 6 Tabellen – 4 Tafeln – 8° – 1957 – DM 2,–

Heft 7 Prof. Dr. WILHELM TREIBS / Entwicklungslinien der organischen Chemie
25 Seiten – 8° – 1957 – DM 1,40

Band 103

Heft 1 Prof. Dr. GEORG SPACKELER / Über die Möglichkeit einer Lieferung von Magnesiumsulfat als Düngemittel seitens des Kalibergbaus der Deutschen Demokratischen Republik
Prof. Dr. ANTON ARLAND / Magnesium im Landbau
38 Seiten – 1 Abbildung – 2 Landkarten – 8° – 1958 – DM 1,90

Heft 2 Prof. Dr. HEINRICH BREDT / Über den Tod. Eine naturwissenschaftliche Betrachtung
26 Seiten – 8° – 1958 – DM 1,10 *(vergriffen)*

Heft 3 Dr. HANS WUSSING / Über Einbettungen endlicher Gruppen
38 Seiten – 8° – 1958 – DM 2,50

Heft 4 Prof. Dr. ERNST NEEF / Über die Veränderlichkeit unserer geographischen Umwelt
19 Seiten – 8° – 1959 – DM 1,20

Heft 5 Prof. Dr. WOLFGANG LANGENBECK / Zur Biochemie der Spurenmetalle. Mit Diskussionsbeiträgen 16 Seiten – 4 Tabellen – 8° – 1959 – DM 1,–

Heft 6 Prof. Dr. HANS SCHUBERT / Dr. ERICH SCHINCKE / Die Berechnung einer zirkulationslosen Unterschallströmung um den Kreiszylinder mit der Hodographenmethode
42 Seiten – 12 Abbildungen – 4 Tabellen – 8° – 1959 – DM 4,20

Heft 7 Prof. Dr. PAULA HERTWIG / Anpassung, Vererbung und Evolution
35 Seiten – 14 Abbildungen – 8° – 1959 – DM 3,20

Band 104

Heft 1 Prof. Dr. KARL SCHMALFUSS / Über das Ausmaß der biologischen Bindung des elementaren Stickstoffs. Der Einfluß assimilierbarer Stickstoffverbindungen.
19 Seiten – 2 Abbildungen – 6 Tabellen – 8° – 1960 – DM 1,35

Heft 2 Vorliegendes Heft

Bestellungen durch eine Buchhandlung erbeten

Vor 1945 erschienene Berichte antiquarisch durch den Akademie-Verlag, Berlin, zum Teil noch lieferbar

AKADEMIE-VERLAG · BERLIN

FSC
www.fsc.org
MIX
Papier | Fördert gute Waldnutzung
FSC® C083411

Zeitfracht Medien GmbH
Ferdinand-Jühlke-Straße 7
99095 Erfurt, Deutschland
produktsicherheit@kolibri360.de